送给我的女儿小雪。

——张辰亮

献给我亲爱的家人。

——星星鱼

图书在版编目（CIP）数据

长颈鹿日记/张辰亮著；星星鱼绘. — 北京：北京科学技术出版社，2019.10（2020.6重印）
（今天真好玩）
ISBN 978-7-5714-0472-7

Ⅰ.①长… Ⅱ.①张…②星… Ⅲ.①长颈鹿科 – 儿童读物 Ⅳ.①Q959.842–49

中国版本图书馆CIP数据核字（2019）第205157号

长颈鹿日记

作　　者：张辰亮		绘　　者：星星鱼		
策划编辑：代　冉		责任编辑：代　艳		
责任印制：张　良		图文制作：天露霖		
出版人：曾庆宇		出版发行：北京科学技术出版社		
社　　址：北京西直门南大街16号		邮政编码：100035		
电话传真：0086-10-66135495（总编室）		0086-10-66113227（发行部）		
0086-10-66161952（发行部传真）				
电子信箱：bjkj@bjkjpress.com		网　　址：www.bkydw.cn		
经　　销：新华书店		印　　刷：北京利丰雅高长城印刷有限公司		
开　　本：889mm×1194mm　1/16		印　　张：2.25		
版　　次：2019年10月第1版		印　　次：2020年6月第2次印刷		
ISBN 978-7-5714-0472-7/Q·182				

定价：132.00元（全6册）

长颈鹿日记

张辰亮◎著　　星星鱼◎绘

北京科学技术出版社

4 月 2 日

"起床喽，今天教你洗脸。"
妈妈说。

"第一步：伸出可爱的蓝紫色舌头。

第二步：绕嘴唇舔一圈。

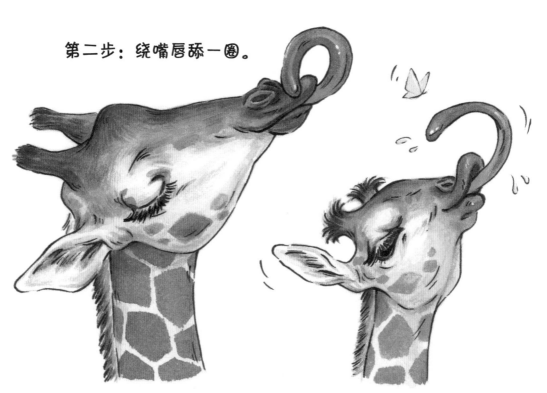

第三步：舔一舔脸蛋。

第四步：收回舌头。"

3

4月5日

　　我们去一片金合欢树林野餐。

　　妈妈能吃到最高的那棵树上的树叶，我只能吃小树苗上的。

4

金合欢上有好多刺！每根刺都特别长。该怎么吃它的叶子呢？

妈妈给我示范：灵活的舌头绕过刺，和嘴唇一起拽下叶片就行了。

"你的舌头还有点儿嫩。等你长大了，舌头上会长出一层硬皮，就算被扎到也不怕。"妈妈说。

5

5月1日

今天我要干一件大事：喝水。

平时，树叶里的水分对我来说就够了，所以我很少喝水。

但今天我渴了，于是来到了河边。

水里有几条鳄鱼，我要离他们远点儿。

这里没有鳄鱼。
我岔开两条前腿，使劲低下头去喝水。这个姿势好别扭！

"嘭！"我后背挨了一下！难道鳄鱼上岸偷袭我？
原来，是一群狒狒在我身上玩跳马……

7

5月3日

两位脾气大的叔叔在打架。

"你讨厌！""你讨厌！"他们甩着脑袋，用角去撞对方的脖子。你撞我一下，我撞你一下。

看着好疼啊！不过，我现在知道我的角是干吗用的了。

5 月 4 日

　　今天遇到了昨天打架的一位叔叔，他的角似乎比我的多。

　　"叔叔您低一下头，让我数数您有几只角……长的有两只，后脑勺有两个鼓包，脑门中央还有一个大鼓包。叔叔，您有 5 只角！"

　　叔叔说，随着我长大，我那另外 3 只角会越来越明显。

6月23日

今天，我吃了另一种金合欢的叶子。它的刺的基部很大，像球一样。

我刚吃了两口，一群蚂蚁就从刺的基部跑出来，咬我的嘴！

原来，这种金合欢特意把自己的刺的基部变成球，请蚂蚁住在里面。作为报答，蚂蚁会攻击吃树叶的动物。

我再也不吃这种金合欢了。

6 月 30 日

一头小象用牙挖泥巴，结果牙上都是泥，他害怕回家被爸爸骂。

我用自己的鬃毛当牙刷，把象牙刷干净了。这下，换我的鬃毛变脏了。

回到家，妈妈知道我是因为帮助别人才弄脏了自己，没有骂我，还表扬了我。

7月2日

　　我遇到了一群狮子！他们想要吃我！

　　妈妈赶紧跑过来，把我护在身后。

　　一头狮子扑了上来，妈妈抬起前腿。

　　"嘭！"狮子被踢飞了！

　　妈妈万岁！

7月3日

月亮出来了，我要睡会儿。

妈妈和其他叔叔阿姨很少睡觉，就算睡，他们也只是站着打打盹，因为我们长颈鹿趴下后不能很快站起来，猛兽会趁机偷袭我们。

不过，我有妈妈保护，可以放心地趴着睡。

7月4日

　　为了防止狮子再来，妈妈带我加入了斑马和羚羊的大部队。

　　斑马和羚羊嗅觉和听觉都很灵敏，能提早发现狮子。

　　妈妈个子高，可以帮忙眺望和放哨。

　　而且，我和妈妈吃树叶，斑马和羚羊吃草，我们互不影响。

我和妈妈走路顺拐，跟斑马、羚羊他们不一样。

妈妈说，腿长、个儿高的动物走路都爱顺拐，这样走路稳。大象和骆驼走路也顺拐。

7 月 10 日

　　羚羊的角真帅！每种羚羊的角都不一样。

　　我也想长那样一对漂亮的角，但那样的话，我的脖子就受不了了。

　　羚羊们安慰我说："你的小角也很可爱呀，我们还羡慕你呢！"

21

7 月 13 日

今天我看到了一群长得和我有点儿像的羚羊——长颈羚！

他们腿长，脖子也长，跟我差不多，但他们的角更漂亮。他们身上没有斑点，这和我不一样。

长颈羚的个子还是没我高。我请长颈羚一起吃树叶，他们用后腿站起来也才和我差不多高。

7 月 14 日

"快跑！快跑！"一群高角羚跑过来，我正好挡了他们的路。

他们一只只从我头顶跳过去，跳得真高呀！像腿上装了弹簧一样。

我问："是谁在追你们？"

"不知道，别人都跑，我们就跟着跑！"

其实，后面并没有猛兽，只有一头从草丛里钻出来的疣猪。

23

8 月 18 日

　　山上的密林里，突然钻出一只我从没见过的动物。

　　他长得有点儿像我，但脖子很短，腿上有斑马纹一样的花纹，头上有两只小角。

他说:"我叫貛 (huò)
狍 (jiā) 狓 (pí),和你同
一个祖先,我们的祖先长得和
我差不多。后来,他的后代分
成两支,一支演化成貛狍狓,
一支演化成长颈鹿。"

马赛长颈鹿

北方长颈鹿

8月19日

　　貜㹸狓回密林了。我问妈妈："我们还有别的亲戚吗？"

　　妈妈说："除了貜㹸狓以外，人类把长颈鹿分成4种，每种都有自己独特的花纹。"

南方长颈鹿

网纹长颈鹿

9 月 2 日

今天飞来了一群牛椋(liáng)鸟。

他们在我身上叽叽喳喳地找小虫吃。我毛里的小虫弄得我浑身发痒，牛椋鸟吃完小虫，我就不痒了。

有两只牛椋鸟落在我的嘴上，啄我的鼻孔。
"我鼻子里没有虫……阿嚏！"牛椋鸟被我
的鼻涕喷得浑身都湿透了。

9 月 12 日

一群大象来了！我喜欢大象。

大象爱在树上蹭痒痒，甚至能把大树蹭断。

那些我够不到的大树的树叶，现在我能够轻松吃到了。我跟着大象边走边吃，好撑！

9 月 19 日

我又来河边喝水了！

这次不光有我，还有妈妈、斑马、羚羊、大象、绿猴、犀牛、细尾獴、鸵鸟和火烈鸟！

大象把水喷向空中，说："大家一起洗个澡吧！"

"噗——"